"画解"乡村垃圾

魏 丹 丁建莉 李 艳 主编

U0380724

中国农业出版社

农村读物出版社

北 京

图书在版编目（CIP）数据

"画解"乡村垃圾 / 魏丹，丁建莉，李艳主编 . —
北京：中国农业出版社，2023.6
　　ISBN 978-7-109-30797-1

　　Ⅰ.①画…　Ⅱ.①魏…②丁…③李…　Ⅲ.①农村—
垃圾处理—图解　Ⅳ.①X710.5-64

中国国家版本馆 CIP 数据核字（2023）第 110853 号

中国农业出版社出版

地址：北京市朝阳区麦子店街 18 号楼
邮编：100125
责任编辑：刘　伟　李　辉
版式设计：杨　婧　责任校对：史鑫宇
印刷：中农印务有限公司
版次：2023 年 6 月第 1 版
印次：2023 年 6 月北京第 1 次印刷
发行：新华书店北京发行所
开本：700mm×1000mm　1/16
印张：5.25
字数：100 千字
定价：29.80 元

编写人员名单

主　　编	魏　丹	丁建莉	李　艳		
副主编	金　梁	王　爽	王　磊	武凤霞	梁丽娜	胡　钰
	蔡姗姗	左　强	安志装	孙钦平	刘　伟	迟凤琴
	张军政	史传奇	贾　伟	王　伟	张久明	
参编人员	李吉进	张世杰	张　祎	刘中珊	刘建斌	郎乾乾
	李玉梅	陈雪丽	樊　华	杨　华	李　辉	唐永栋
	索琳娜	黄子鹏	何义利	李　沛	热米莱·艾拜	
	鞠万欣	杨伟歆	修圣智	王　文	丁　澳	吴佳俊
	韩　娜	孙　鑫	苏刘燕	肖　锋	张馨元	张新源
	李　樵	李树新	王宗存	王建伟	王子萌	匡恩俊
	李伟群	常本超				
绘画设计	苏　凝					

根据党的二十大部署，以及《中共中央国务院关于加快推进生态文明建设的意见》《全国农业可持续发展规划（2015—2030 年）》等有关精神，乡村建设已经成为我国当前"三农"工作的重点工作，而乡村垃圾的无害化处理和资源化利用是乡村建设的主要抓手。聚焦畜禽粪污、病死畜禽、农作物秸秆、废旧农膜及废弃农药包装物等 5 类废弃物，以就地消纳、能量循环、综合利用为主线，着力探索构建农业废弃物资源化利用的有效模式，是加快转变农业发展方式、发展资源节约型和环境友好型农业、走高质量绿色发展道路的关键一环。

农业有机废弃物究竟如何处理？处理后去向何方？当前东北秸秆还田快速腐熟、环渤海湾设施蔬菜尾菜原位腐解、京津冀农林复合有机废弃物快速腐解资源化等，均面临着很大难题！以乡村垃圾腐熟物料为原料开发水稻和园林营养土、蔬菜育苗基质和生物（类）肥料是在化肥养分资源紧缺和价格上涨情况下实现高值化利用的热门方向！同时，腐解过程的菌剂配套、除臭等技术环节，已经成为我们科研工作者的重要任务！

面对乡村垃圾处理的技术、装备、产品和生产模式的推广应用难点，北京市农林科学院组织有关专家编写了《"画解"乡村垃圾》。该书以漫画形式，诠释了乡村垃圾从捡拾、储运、处理到产品和应用的全链条技术，并就每个技术环节均以知识卡片的形式，介绍了知识要点。该书适合于农民、企业以及喜欢农业科普的孩子阅读，为乡村垃圾处理提供选择，为政府推动和美乡村建设提供方案。

该书为系列丛书之一，注重提供轻简化技术处理清单，配套了生动、鲜活的技术漫画并制作了手机版 App 平台。做到"一看就懂，一用就灵"，解决了科研到生产应用"最后一公里"的难题，是农民科学普及的好帮手。

  乡村垃圾无害化处理和资源化利用兼具农业生产和环境保护两大意义，也能为中央提出的"碳达峰"与"碳中和"目标做出实质性的贡献，应该成为各级政府抓好"三农"工作的重要内容。唯有如此，才能使我国的城镇重现"绿树村边合，青山郭外斜"的景象。

中国工程院院士 沈其荣

2022.6.20

提升农业废弃物综合利用率已成为我国乡村振兴评价指标体系构建的主要指标之一。当前农村垃圾存在组分复杂、产量大、分散广的特点，以及垃圾处理时间长、效率低的问题。2017年统计结果显示，我国年约产生38.0亿吨畜禽粪污、9亿吨农作物秸秆、2.3亿吨蔬菜尾菜和4.5亿吨农产品加工废弃物。因此，实现农村垃圾资源循环利用并将其变成"五料"——肥料、饲料、基料、燃料、工业原料，对减少污染、保护环境、节本增效具有重要作用。如何解决垃圾收储运过程中的破碎和脱水、如何快速处理有机垃圾的科学组配、如何进行腐殖化后高值化的开发与应用，是我们亟待解决的问题。

有机废弃物资源化处理和应用是科普工作的一项重要内容，关系到乡村环境美，关系到循环经济发展，关系到一二三产业的融合，关系到乡村振兴和生态环境治理。当前，乡村垃圾收储运前处理、快速腐解技术、装备以及多元乡村垃圾腐解过程的菌剂配套和除臭等问题，是我们科研、生产和产业面临的挑战！如何加快科研成果转化技术落地，是我们亟待解决的难题。

《"画解"乡村垃圾》《有机废弃物循环利用技术清单》《有机废弃物循环利用管理系统应用指南》组成垃圾处理的"三部曲"，是一套从分类、捡拾、储运、处理到产品生产与应用的垃圾全链条解决方案。《"画解"乡村垃圾》以激发科学处理乡村垃圾为主线，以激发读者兴趣为目标，以形象的漫画拟人故事为手段，表达垃圾处理每一个技术环节和使用效果，实现快速、生动地掌握垃圾处理技术。

本书力争为政府、企业、村镇在乡村垃圾处理和资源化利用上，制订全程解决的技术方案，实现以用促治、种养循环，实现从田间到车间"最后一公里"的资源高效利用，推动延长产业链、提升价值链；打造新的循环产业链，提升附加值，有效促进乡村增绿、农民增收和农业增效。

本书的出版得到国家重点研发计划项目（课题编号：2022YFD1601102 和 2022YFD2002103）、北京市创新团队建设任务（BAIC08-2023-SYZ01）、北京市农林科学院科技创新能力建设项目（KJCX20230422 和 KJCX20230407）的经费支持，在此表示感谢。

书中疏漏和不妥之处，敬请广大读者批评指正。

魏 丹

2022 年 6 月 20 日

北京市农林科学院

目录

处理篇

产品加工篇

产品应用篇

标准篇

　　近年来，随着经济的发展，乡村垃圾在数量上有了明显的增加，种类上也日益增多。要提高农民的生活品质，乡村垃圾治理就显得尤为重要。乡村垃圾的不恰当处置不但占用大量的土地，而且还污染水体、大气、土壤，危害农业生态，影响环境卫生，传播疾病，对生态系统和人们的健康造成危害。

衣服　　废纸　　果皮　　乡村垃圾　　装修用品　　厨房用品　　雨伞　　电池　　香烟

　　为积极引导农民养成良好的卫生习惯、生活习惯，对乡村垃圾实施无害化处理，各地都在积极探索乡村垃圾处理运作的新模式。乡村垃圾处理方式正在由过去的随意排放向无害化处理转变。

1. 乡村垃圾现状如何？

乱堆乱放现状

侵占土地，污染土壤。

污染水体，影响空气质量。

影响卫生环境，危害人体健康。

乡村垃圾产量

年产畜禽粪污38亿吨。

年产秸秆9亿吨。

年产蔬菜尾菜2.3亿吨。

相关政策

住房和城乡建设部：2021年10月1日，禁烧令出台。

中共中央办公厅、国务院办公厅印发《农村人居环境整治提升五年行动方案（2021—2025年）》。

《关于进一步加强农村生活垃圾收运处置体系建设管理的通知》，确定了2025年的工作目标，明确了统筹谋划农村生活垃圾收运处置体系建设和运行管理、推动源头分类和资源化利用、完善收运处置体系、提高运行管理水平、建立共建共治共享机制等重点任务。

2. 乡村垃圾怎么分类？

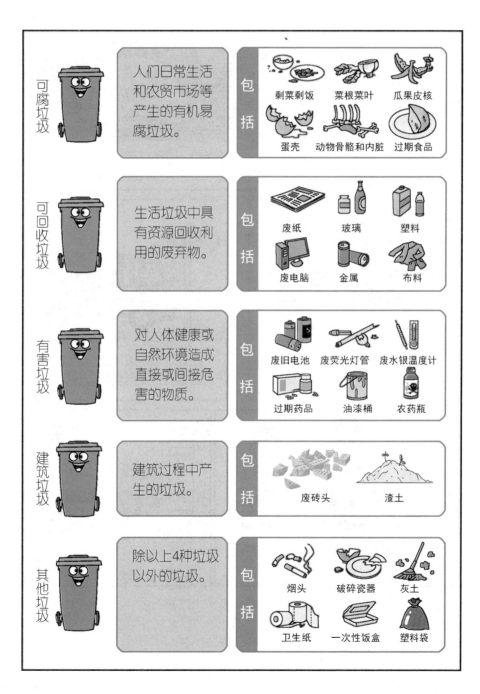

可腐垃圾	人们日常生活和农贸市场等产生的有机易腐垃圾。	包括	剩菜剩饭　菜根菜叶　瓜果皮核　蛋壳　动物骨骼和内脏　过期食品
可回收垃圾	生活垃圾中具有资源回收利用的废弃物。	包括	废纸　玻璃　塑料　废电脑　金属　布料
有害垃圾	对人体健康或自然环境造成直接或间接危害的物质。	包括	废旧电池　废荧光灯管　废水银温度计　过期药品　油漆桶　农药瓶
建筑垃圾	建筑过程中产生的垃圾。	包括	废砖头　渣土
其他垃圾	除以上4种垃圾以外的垃圾。	包括	烟头　破碎瓷器　灰土　卫生纸　一次性饭盒　塑料袋

3. 乡村垃圾该去何处？

可腐垃圾：厨余垃圾、植物枝叶、禽畜粪便、尾菜、秸秆等田园垃圾，采用堆肥处理、厌氧沼气处理、就地处理等方式腐熟再利用。

可回收垃圾：金属、塑料、玻璃、废纸、编织类等可再生资源，先由村民暂存家中，然后预约废品公司上门现金收购。

建筑垃圾：废砖头、渣土等应送到指定填埋场。

有害垃圾：废电池、废旧灯管、废药品及包装等有害垃圾应由专人统一回收。

其他垃圾：污染纸张、尼龙织物、塑料袋、灰土、陶瓷等其他垃圾应送入垃圾中转站集中处理。

收储运篇

在生产生活中，将有机废弃物分为农业废弃物、园林废弃物和厨余垃圾等。

为了减小农作物秸秆、园林树枝、厨余垃圾等有机废弃物所占空间、便于运输和储存，需对这些有机废弃物进行收集、压缩、打包处理。现阶段有关有机废弃物收储运及预处理技术不断发展，有助于分类收集、分类处理，可以实现有机废弃物的资源化，进一步减少有机废弃物的最终处理量，降低处理难度和运行成本，提高有机废弃物的管理水平。

技术 1　农作物秸秆怎么收集？

配备专用设备和地磅，以及秸秆检测、打捆、加压、装卸、运输等基础设备。

注意打捆机器偶尔发生的缠绕、堵塞工作部件等问题；注意不同厂家设备的使用方式和结构及自动化程度等差异。

怎么又堵塞了！

我周边秸秆资源丰富，交通和水源便利；我距高压线50米以外；我必须要防渗、防潮，配有防雨、防潮设施，保证通风散热；我还需要围栏或围墙把我保护起来呢！

收储中心

防火警示标识要注意！

消防设施及器材要齐全！

消防井、消防池要建立！

监控系统要配备！

严禁烟火

> **知识卡片：** 秸秆的收集技术可使秸秆原料高效离田，有效提高农作物秸秆的利用率。适宜处理棉花、玉米、小麦、大豆等常见地上农作物秸秆。

技术 2 农作物秸秆怎么压缩与打包？

嗨！我是揉搓机！

我要把粗硬的农作物秸秆变成无硬节、较柔软的丝状物料。

我要被晒脱水啦！

水分达60%~65%后可打捆。

打捆机把我压制成30厘米×30厘米×(60~80)厘米的秸秆捆。

液压打包机把我压缩成60厘米×40厘米×20厘米的大截面秸秆块。

我也是秸秆，但我的体积缩小了2/3。

哇！浓缩的都是精华！

知识卡片： 秸秆经打包后，体积可缩小2/3以上，堆放面积不大的场地也能适用。北方连片土地，收获后秸秆集中，适合使用大中型设备，效率高。

技术 3 园林树枝怎么破碎与运输?

知识卡片: 使用物料粉碎车或树枝切片粉碎机处理。园林树枝破碎处理技术能有效将园林垃圾变废为宝。现阶段生产生活中,工人不用将湿树枝先晒干后粉碎了,而是直接粉碎,提高了生产效率。

技术 4 厨余垃圾怎么压缩与收运？

我是密封式小型垃圾车，定时收运。

垃圾池

垃圾池按照标准和要求规范化建设，配套密封式自卸垃圾车。

我是大型密闭式桶装垃圾车，我能轻松搞定大量垃圾！

这是我的肚量！

240升

我是灵活的提桶式自装卸垃圾车。

知识卡片：小型垃圾车节约了大型运输车辆的购置费和运转费用，操作简便，也大大节约了人工费和维修费。

大型密闭式桶装垃圾车续驶里程长，整车安全性高，操作舒适性好，厢体密封性好。

应由专用桶装垃圾车定时定点收集,并应日产日清。

知识卡片: 适用于垃圾多而集中的居民区、厂矿企业和物业小区等。技术类别上分为混合垃圾压缩、分类后的其他垃圾压缩、分类后的厨余垃圾压缩。垃圾车载重3~20吨,转运站应选择日产量大于20吨的转运站。

前 处 理 篇

乡村垃圾资源化处理既可以采用厌氧发酵技术，也可以采取好氧发酵技术。

采用厌氧发酵技术前，可根据不同处理工艺选择挤压破碎、挤压脱水等技术进行物料前处理。此过程产生的渗滤液可采用膜生物反应器（MBR）——纳滤膜技术处理净化。产生少量臭气时，可采用活性炭吸附；臭气产生量大的场所，可用垃圾填埋场雾化设备除臭。

采用好氧发酵技术处理乡村垃圾时，由于单一有机废弃物的原始碳氮比、含水率等很难满足微生物的生长需求，可通过添加不同调理剂来调控堆肥物料的碳氮比、含水率等技术指标，促进发酵体系构建。同时，依据不同发酵原料选择含有不同功能微生物的腐熟剂，有利于提高发酵速率。好氧发酵过程产生的臭气可以根据处理规模和条件采用原位、异味除臭技术，实现乡村垃圾资源化处理过程臭气减排。

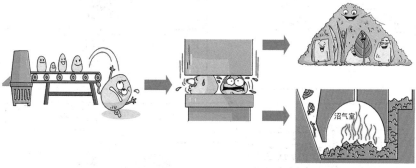

技术 1　臭气怎么控制？

活性炭吸附过程不可逆转，要定期更换，除臭效果好。

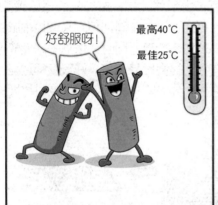

一般的气用活性炭达到饱和吸附时的吸附量约为35%，应用于净化设备的吸附量为20%~25%。

知识卡片：臭气中的气态污染物主要有氨、硫及有机废气等，气味恶臭。对于小排放量，可以利用活性炭的微孔结构和高吸附量快速吸附密闭环境中的臭气组分；对于大排放量，如垃圾处理厂，可用垃圾填埋场雾化设备。

技术 2 垃圾渗滤液怎么处理？

渗滤液先进调节池充分混合以均衡水质，再用泵提升至厌氧反应器，再流入MBR系统，最后进入纳滤装置，达标后排放。

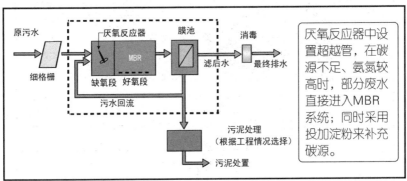

厌氧反应器中设置超越管，在碳源不足、氨氮较高时，部分废水直接进入MBR系统；同时采用投加淀粉来补充碳源。

纳滤装置由原水泵、保安过滤器、纳滤本体装置、加药系统和清洗系统组成。纳滤膜采用抗污染膜元件。

知识卡片：垃圾渗滤液是一种高浓度有机废水，具有污染物成分复杂、水质波动大、有机物和氨氮浓度高等特点。因此，选择一种合适可靠的废水处理工艺尤为重要。既能保证有机物的彻底去除，又有良好的脱氮效果。

技术3 有机垃圾怎么挤压与破碎？

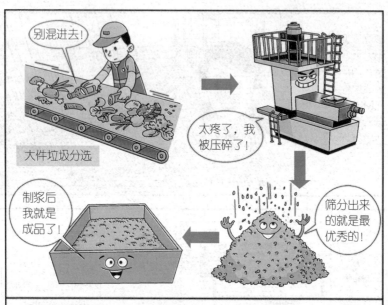

设备应运转平稳，没有卡阻和异常声响。给料速度要均匀，主要包括大件垃圾分选、挤压破碎、筛分和制浆，目的是去除硬性杂质、减小粒径，最终得到粒径约6毫米的均匀浆料。

物料尺寸：进入的物料尺寸三边之和小于350毫米，避免有硬质物。

知识卡片：挤压破碎技术可实现废弃物的资源化和减量化，适用于全国范围的有机垃圾预处理工艺，适用于湿式厌氧发酵，日处理规模依所在地区人口规模而定，可达到100~300吨，可减少30%垃圾量，有些材料甚至可缩减到50%。

技术 4　有机垃圾怎样挤压与脱水？

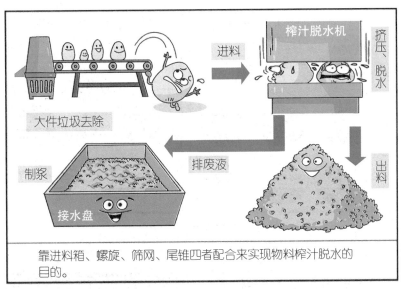

靠进料箱、螺旋、筛网、尾锥四者配合来实现物料榨汁脱水的目的。

最终得到粒径约50毫米的均匀料渣。

给料速度：均匀。

物料要求：避免有硬质物，三边长度之和小于350毫米。

知识卡片：挤压脱水技术适用于发酵沼渣脱水、分离或分选处理，如菜市场垃圾、有机垃圾、食品垃圾和家庭袋装垃圾等；适用于干式厌氧发酵，日处理规模依所在地区人口规模而定，可达到100～300吨。

技术5 如何提高堆肥产品品质？

调节堆肥物料碳氮比为（25~40）∶1。

常用的碳氮比调节剂

稻草　秸秆　树叶
木片　锯末　回流堆肥

调节含水率为50%~60%。

常用水分调节剂

木屑　稻壳　麦秆　稻秆　锯末　50%~60%

堆肥前调节物料初始pH为6.5~8.0。

我们是常用的pH调节剂！

pH 6.5~8.0

碳酸钙　生石灰　石膏

当处理含水多、颗粒细的厨余垃圾时，可选用膨胀剂增加通气性。

常用的膨胀剂

锯末　作物秸秆

常用的重金属钝化剂

处理后重金属含量应符合标准的要求。

石灰　沸石　铝土矿渣　粉煤灰

微生物

起爆剂

添加起爆剂(糖、蛋白质等)能够增加微生物的活性，加快堆肥反应速度。

知识卡片： 农作物秸秆、菜田尾菜、畜禽粪便、厨余垃圾、园林废弃物、污泥等单独作为发酵原料达不到好氧发酵条件，通过添加调节剂，调控物料碳氮比、含水率、pH等指标，有利于提高堆肥发酵效率和发酵效果。

技术6 腐熟剂的选择

1. 秸秆腐熟剂怎么选择？

秸秆堆腐还田时选择含酵母菌、芽孢杆菌等好氧或兼性好氧菌的秸秆腐熟剂。

秸秆直接还田时选择木霉、黑曲霉、白腐菌等降解能力强的秸秆腐熟剂。

秸秆直接还田时，根据还田地理位置在腐熟剂中添加相应的嗜热、耐热或中温、低温菌种。

提供微生物生长环境：供氧。

2. 畜禽粪便腐熟剂怎么选择？

畜禽粪便的营养成分多为蛋白类物质，在选择腐熟剂时选择以蛋白质降解菌为核心微生物的产品，一般含芽孢杆菌、酵母菌等。

有些畜禽粪便需要干湿分离后再进行发酵过程，干基使用普通畜禽粪便腐熟剂发酵处理。

湿基的处理除了加入芽孢杆菌、酵母菌等，还要加入光合细菌、乳酸菌等。

③. 厨余垃圾腐熟剂怎么选择？

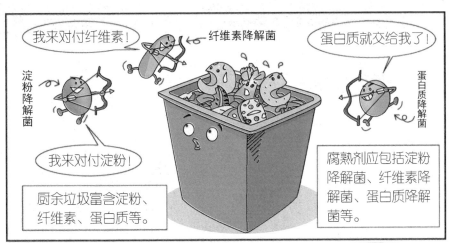

技术7 堆肥过程除臭

1. 堆肥过程有臭气怎么办？

物理调节

稻草、秸秆、树叶、木片、锯末和沸石等，作为调理剂调节堆体通气性。

身体里有了他们，我感觉呼吸通畅多了！

化学调节

哇！好好闻啊！

难道不怕臭吗？

我吸！我吸！

硼酸

乳酸

添加硼酸、乳酸等酸性物质吸收氨气等臭气物质，实现臭气物质减排。

生物调节

添加具有脱臭作用的微生物菌剂，加快堆肥发酵速度，减少臭气物质的排放。

有了他们，我就没那么臭了！

知识卡片：原位除臭技术主要是通过物理、化学和生物的单一或者多元复合方法调节堆肥物料性质，优化堆肥体系结构，实现堆肥物料无害化和气体减排的效果。

2. 堆肥异位除臭方法有哪些？

覆膜

小规模简易静态堆肥：物料混匀成堆后覆膜，既防雨保温又除臭。

喷淋

工厂化槽式堆肥：在翻堆过程中，通过喷淋化学药剂和生物菌剂减少臭气排放。

吸收塔

具有密闭特性和负压条件的大规模工厂化堆肥车间：将车间内的臭气吹入吸收塔内，经化学吸收或生物分解，快速净化气体。

排出气体符合《恶臭污染物排放标准》（GB 14554）的要求。

知识卡片：异位除臭技术是在堆肥堆体外部通过物理、化学和生物的单一或者多元复合方法，通过阻断、屏蔽、吸收或分解等手段解决臭味气体的释放，从而达到无害化处理的目的。

处 理 篇

垃圾肥料化应用是农村常见的垃圾处理方式。例如，槽式、简易式等好氧堆肥和微生物厌氧发酵制沼气、堆肥茶等，以及过腹堆肥和热解处理技术。

技术 1　气肋膜如何辅助条垛堆肥？

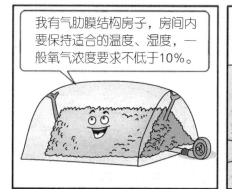

知识卡片：气肋膜除臭条垛式堆肥技术是在传统堆垛基础上，加入气肋膜设计；气肋双层膜构造，可以降低强制通风能耗，加速生物反应速率，缩短堆制时间。

技术 2 太阳能如何辅助槽式堆肥？

物料要求同本篇技术1。

在符合要求的发酵槽内建堆，国内的浅槽一般深1~1.2米。

槽一般规模较大。

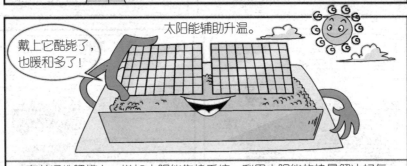

戴上它酷毙了，也暖和多了！

太阳能辅助升温。

在普通堆肥槽上，增加太阳能集热系统，利用太阳能的热量解决好氧发酵过程因温度低难启动的问题。

我的目标是让里面空气有10%是氧气。

升温快了！

采用曝气翻堆等措施，对堆肥物料的温度、湿度、氧气浓度等进行调控。一般氧气浓度要求不低于10%。

大地我来啦！

有机物料陈化10天左右，可直接还田，也可作为基质料和土壤改良剂原料。

知识卡片：太阳能辅助槽式好氧堆肥技术是在传统的槽式堆肥基础上，增加太阳能集热系统。

技术 3 卧式旋转罐内如何堆肥？

前三条技术要点与处理篇技术 1 相同

粉碎除杂　　　物料相配　　　建堆

（25～40）：1　腐熟菌剂

含水率 50%～60%

根据物料不同，控制反应器旋转和通风频率，6～10小时通风一次，每次通风15～30分钟。

在我肚子发酵7～15天，就可以腐熟了。

我的肤色是褐色或黑褐色。

我陈化10天左右，可直接还田，也可作为基质料和土壤改良剂原料。

知识卡片：卧式好氧发酵技术是借助卧式设备堆肥的一种反应器式堆肥方式，设备为水平滚筒式，由物料传输系统、罐式堆肥系统、气体处理和电控系统3部分组成。

技术 4 如何在箱体内堆肥？

粒径≤5厘米。

碳氮比控制在（25~40）∶1，根据物料种类选择适宜的腐熟菌剂。

准备建堆。

堆体内氧气不低于10%。堆肥高温期结束后对物料均翻，发酵10~15天后可达无害化卫生标准。

别看我外表是箱子，我能力可不小。我可翻搅物料，也可以通风。

好冷啊！我要求供暖！

根据需要可以添加外热源辅助加热。

我是褐色的，有时候也可能是黑褐色。

腐熟的有机物料陈化10天左右，可直接还田。

知识卡片： 箱式好氧发酵技术借助箱式堆肥反应器完成堆肥过程。设备由原料预混系统、好氧发酵主体系统和尾气除臭系统等组成，实现了堆肥的"傻瓜"化控制。

技术 5　如何利用筒仓式设备堆肥？

粒径≤5厘米。

碳氮比控制在（25～40）：1，根据物料种类选择适宜的腐熟菌剂。

含水率50%~60%

准备建堆。

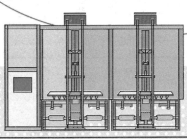

根据物料不同，控制反应器翻搅和曝气频率。采取间歇式曝气，即开20～30分钟停30～40分钟的控制方式。进料后，搅拌1～2小时，通过搅拌促使物料铺平并混合均匀，其他时间应减少或不搅拌。堆肥周期为20天左右。

我已经腐熟了！

我来接你的班。

定时取出腐熟物料，添加新物料。取出物料的体积或重新装入原料的体积约是筒仓体积的1/10。

陈化10天左右，可直接还田；也可作为基质料和土壤改良剂原料。

知识卡片：筒仓式反应器好氧发酵技术是一种借助筒仓型堆肥设备堆肥的方式。密闭式筒仓反应器采用立式筒仓结构，内部有可以输送空气和进行搅拌的中空轴和桨叶。

技术6 如何实现智能化膜式堆肥？

物料要求：粒径≤5厘米，含水量50%~60%，与适合腐熟菌剂混配且碳氮比为（25~40）∶1。

我底部铺设了管道。

物料堆一般宽1~2米、高1~1.5米、长10~30米。

我穿纳米膜衣服啦！

肥堆的上膜和下膜合拢，四周以沙袋等辅助部件压紧实，确保密闭性。

条件合适我很快就可以达到55~66℃。

我每30~60分钟就吹一次，一次吹15~30分钟。

通风曝气

发酵成功！

累死我了！

根据物料不同、季节温度不同，发酵周期有所差异。一般春夏秋季节发酵时间短，为7~15天；冬季温度低，发酵时间长，一般为15~30天。

知识卡片：智能纳米膜法好氧发酵堆肥技术借助智能纳米膜发酵设备堆肥处理垃圾，智能纳米膜堆肥设备主要由远程控制系统、膜覆盖系统、曝气系统和防渗封闭系统4部分组成。

技术 7　通风槽如何覆膜堆肥？

基础建设

地面硬化＋通风槽施工＋排水槽施工。

物料前处理

粒径≤5厘米。

物料碳氮比与菌剂

碳氮比为（25～40）：1。

物料混拌

含水率 50%~60%

覆膜密封

设备安装 参数设定

好氧发酵

15～25天，高温堆肥实现无害化。

物料翻抛

装载机翻抛，增加均匀发酵。

移膜出料

人工或机械移膜，装载机出料。

知识卡片：膜法好氧发酵技术是由覆盖膜和基建地面组合进行好氧堆肥的方式，由基建地面、覆盖膜、控制系统、曝气管道等部分组成。覆盖膜具有半渗透功能，具备防水、防风、保温的功能，其气候适应性强，辅以简单的基建即可实现发酵和尾气控制；智能通风调控，实现远程控制。

技术8 传统方法如何堆肥处理乡村垃圾？

选择离粪源较近、背风向阳、地势平坦和运输方便的地方。

我们都是可以堆肥的垃圾！

平均孔隙度25~75毫米，含水率50%~60%，碳氮比为（25~40）∶1。

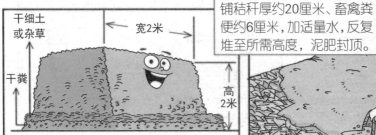

铺秸秆厚约20厘米、畜禽粪便约6厘米，加适量水，反复堆至所需高度，泥肥封顶。

干细土或杂草
干粪
宽2米
高2米

堆积前地面宜铺上一层干粪、干细土或杂草以吸收渗下的液体。

就是把我变成倒立的状态！

堆积一段时间后，堆温升高，需要进行翻堆一次，使堆料上下均匀，再放置一段时间，再翻倒。一般一个月左右翻倒一次即可，直至腐熟。

知识卡片：传统堆肥技术是农业生产上历史悠久的一种农家肥制作方法，操作简单，就地取材，原料可简单混合，人工堆放，自然发酵，生产成本低廉，有效地就地处理农村生活有机废弃物，减少环境污染问题。

技术 9　如何实现家庭式简易堆肥？

厨余垃圾单独收集。

我们就是粉碎后的你们。

合作愉快！

碳氮比控制在(25～40)：1，根据物料种类选择适宜的腐熟菌剂。

物料混拌后的含水量一般控制在50%～60%，装桶。

220升

湿度

温度

氧气

220升

调控桶内物料参数，满足好氧堆肥的基本需求。

抗风吹日晒。

堆肥周期冬天约2个月。

夏天约1.5个月。

堆肥升温快，3天可达到45℃以上，且具有超强的保温能力。

知识卡片：家庭式简易堆肥桶发酵技术就是利用堆肥桶简单堆肥处理的方式，堆肥桶可放置在村口道路不碍事的角落，节约空间，不需要任何基建，不需要复杂的工艺流程，任何年龄段的人都可以轻松掌握。

技术 10 如何实现设施蔬菜原位还田？

灭茬机粉碎蔬菜秸秆原位还田，整地。

添加闷棚菌剂，同时可添加一定量有机肥料。

土壤含水量达到田间最大持水量（60％）时效果最好，灌溉的水面高于地面3～5厘米。

我工作一年了，要闷棚休息几天。

大棚膜和地膜双层覆盖，严格保持大棚的密闭性。

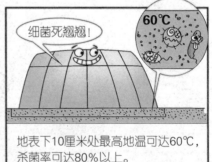

细菌死翘翘！

60℃

地表下10厘米处最高地温可达60℃，杀菌率可达80％以上。

知识卡片：设施蔬菜原位腐解技术实现了蔬菜秸秆不出棚、与闷棚结合原位还田的无害化处理，综合整治传统的蔬菜秸秆废弃物焚烧与乱堆乱放现象，实现了蔬菜秸秆资源化利用，同时可增加土壤有机质。

技术 11 如何实现常温厌氧发酵？

含固率

含固率在6%~12%，夏季低一点，冬季调高一点。

碳氮比

碳 20~30

1 氮

一般原料碳氮比控制在（20~30）∶1为宜。

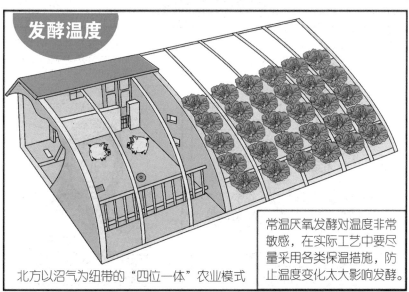

发酵温度

北方以沼气为纽带的"四位一体"农业模式

常温厌氧发酵对温度非常敏感，在实际工艺中要尽量采用各类保温措施，防止温度变化太大影响发酵。

知识卡片：常温厌氧发酵技术是在受天气影响的温度下，利用兼氧菌和厌氧菌进行生化反应，分解有机物的工艺过程。

技术 12　如何实现中高温厌氧发酵？

含固率

含固率在6%～12%，夏季低一点，冬季高一点。但为保障整个工艺的顺畅运行，不能超出工艺设计的有机物负荷能力。

物料搅拌

我摇！
我搅！
我拌！

采取机械搅拌、液体流动搅拌和气体吹压搅拌等方式。

原料碳氮比在（20～30）：1。投料时，一般要注意合理搭配，促进发酵。

碳氮调节

中高温厌氧发酵对温度非常敏感，不能让发酵系统温度剧烈变化。具体加热工艺可以采用外源加热，也可以采用自身产生的沼气燃烧发热。

温度控制

知识卡片：中高温厌氧发酵是在37℃左右中温区域和52℃左右高温区域进行的厌氧生化反应。

技术 13 如何实现干式厌氧发酵？

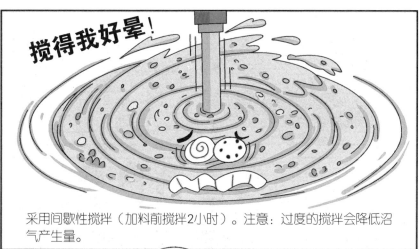

采用间歇性搅拌（加料前搅拌2小时）。注意：过度的搅拌会降低沼气产生量。

通过调节有机固体垃圾与畜禽粪便的混拌比例，保持物料最佳碳氮比为（20 ~ 30）：1。

物料的进出采取机械移动的方式，如采用推流式反应器。

知识卡片：干式厌氧发酵技术的发酵物料流动性低，一般分为连续式进料和序推式进料，此处以连续式进料为例说明。

技术 14 沼液滴灌如何施肥？

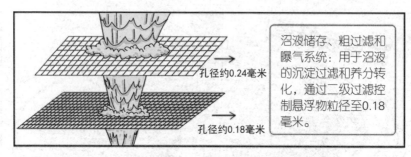

孔径约0.24毫米

孔径约0.18毫米

沼液储存、粗过滤和曝气系统：用于沼液的沉淀过滤和养分转化，通过二级过滤控制悬浮物粒径至0.18毫米。

沼液细过滤、自动配比、反冲洗和主体控制系统：控制沼液与水的合理配比，三级过滤控制悬浮物粒径至约0.125毫米。

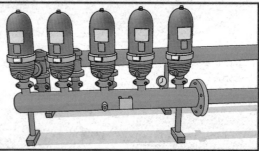

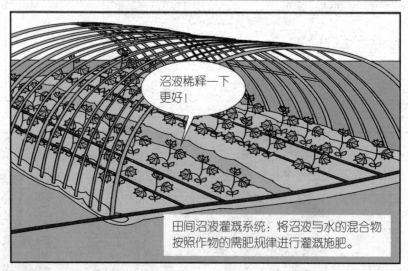

沼液稀释一下更好！

田间沼液灌溉系统：将沼液与水的混合物按照作物的需肥规律进行灌溉施肥。

知识卡片：大中型沼气工程周边农业园区均可采用沼液滴灌施肥技术，施用以畜禽粪便及作物秸秆为原料的沼气工程所产生的沼液。沼液过滤稀释后，可与滴灌系统对接，13～20公顷为一个施用单元。

技术 15　好氧堆肥茶如何制备？

以充分腐熟的优质堆肥或有机肥为发酵原料。

腐熟堆肥和除氯水按质量比1∶（8~50）混合。

通氧沙头是用来给发酵体系通氧的，可适当添加消泡剂。

发酵容器为开放型，可自制也可订制。

发酵时间一般为24~48小时，发酵结束及时施用，必要时需过滤。

发酵初期接种有益微生物菌种，或根据需要添加糖蜜、蛋白胨等添加剂，可提高堆肥茶抗病促生效果。

发酵结束后，兑水稀释100倍以上，滴灌、喷洒、灌根或随水冲施。

知识卡片：好氧堆肥茶是腐熟堆肥或有机肥在水中充分好氧发酵后过滤获得的一种液体生防制品，含有大量营养元素、有益微生物及其代谢产物，具有抗病促生的作用。

技术 16 厌氧堆肥茶如何制备？

发酵物料要选择充分腐熟的优质堆肥或有机肥。

物料选择

合作愉快！

除氯

腐熟堆肥与除氯后的水按1：（4~10）混合。

我来了！

发酵容器为开放型。

发酵完成了！

发酵时间18~24小时，也可延长至数天。发酵结束及时施用，必要时需过滤。

我们都是好朋友！

厌氧微生物菌

蛋白胨

糖蜜

发酵初期接种厌氧微生物菌种，或根据需要添加糖蜜、蛋白胨等添加剂。

发酵结束后，兑水稀释100倍以上，滴灌、喷洒、灌根或随水冲施。

知识卡片： 厌氧堆肥茶是腐熟堆肥或有机肥与除氯水按一定比例混合后经厌氧发酵后过滤获得的一种液体生防制品。含有大量营养元素、有益微生物及代谢产物，具有抗病促生的作用，适用于全国大田、设施大棚、无土栽培及绿化草地等种植区。

技术 17　植物酵素如何制备？

材 料

果蔬残体3~5份　　水8~10份

糖或发酵引物1份　　可密封的塑料容器若干

搅拌！

我的胃翻江倒海！

清洗容器后倒入部分水，加入糖或发酵引物，搅拌充分溶解。

将粉碎或切块儿的果蔬残体加入容器，搅拌混匀，盖好密封盖。

上部预留20%发酵空间，防止发酵液溢出。

前30天，每天开盖放气，搅拌混匀，并按压浮在液面上的物料，产生白膜属正常现象；30天后，视发酵情况减少放气次数；发酵3~6个月后即可使用。

发酵滤液按1∶（300~500）比例稀释，随水施入土壤，单次用量225~300千克/公顷，15天施一次。过滤后的残渣，可当底肥使用。

我喜欢阴凉！

发酵桶应放在空气流通的阴凉处，避免阳光直照，发酵后尽量一次用完，避免再发酵。

知识卡片：新鲜秸秆、尾菜、落果等废弃物，加入糖类物质和水，经厌氧发酵成植物酵素制剂，可用于蔬菜、果树、花卉等的叶喷或根施，有改良土壤、抗病促生等多种功效。特别适用于北方调理碱性土壤及灌溉用水 pH 较高的地区。

技术 18 木醋液如何使用？

知识卡片：木醋液是木材等含纤维素和半纤维素的生物质在热解炭化或干馏过程中产生的气体，经冷凝回收分离得到的有机混合物，再经静置分离木焦油后得到的澄清红褐色或黑褐色液体。

技术 19 蚯蚓法如何处理乡村有机垃圾？

赤子爱胜蚓体长35~130毫米，宽3~5毫米，颜色为紫色、红色或红褐色。

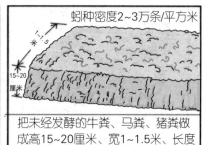

蚓种密度2~3万条/平方米

把未经发酵的牛粪、马粪、猪粪做成高15~20厘米、宽1~1.5米、长度不限的饲养床，放入蚓种。

我的工作是盖好稻草，遮光保湿，养殖蚯蚓。

我最喜欢用猪粪、羊粪、兔粪加秸秆、稻草做成的饵料，但不要太多哦！

蚯蚓最佳生长环境：pH6~8，温度18~27℃，湿度31%~38%。

我来帮你吹吹风。

有阳光我能正常生长！

无阳光我也能正常生长！

知识卡片：利用蚯蚓食腐、食性广、食量大及其消化道可分泌出蛋白酶、脂肪分解酶、纤维分解酶、甲壳酶、淀粉酶等酶类的特性，把经过一定程度发酵处理的有机固体垃圾作为食物喂食给蚯蚓，经蚯蚓的消化、代谢以及蚯蚓消化道的挤压作用转化为物理、化学以及生物学特性都很好的蚯蚓粪。

技术 20 黑水虻如何转化有机固体垃圾？

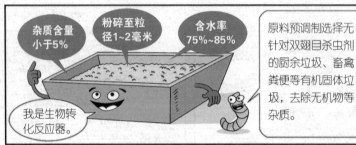

杂质含量小于5%

粉碎至粒径1~2毫米

含水率75%~85%

原料预调制选择无针对双翅目杀虫剂的厨余垃圾、畜禽粪便等有机固体垃圾，去除无机物等杂质。

我是生物转化反应器。

生物转化过程：将食料分批或一次性置于生物转化反应器中，堆积厚度不超过15厘米；料温通过集成系统控制在35~38℃；可搭配共生菌剂使用，提高转化效率，减少臭味。

昆虫高蛋白饲料

生物有机肥

转化产物分离加工：待处理周期之后，黑水虻幼虫与虫粪通过自动振动筛分机进行筛分，鲜活幼虫经过烘干和包装成为昆虫高蛋白饲料；虫沙经过调制或二次发酵变成生物有机肥。

知识卡片：黑水虻幼虫有腐生性，在与微生物的协同作用下，将高水分、高蛋白的厨余垃圾和初加工废弃物等有机固体垃圾资源转化为虫粪生物肥料和虫体高蛋白饲料。黑水虻生物转化具有生产周期适中、资源化程度高、营养价值高、幼虫饲料化应用前景好、成本较低、经济效益高、药用价值高、对人类环境友好等优点。

技术 21 白星花金龟如何处理乡村有机垃圾？

我叫玉米秸秆，粉碎后长度为1.5~2.0厘米。

猪粪+牛粪+玉米秸秆+沼渣，调节各物料的含水率为60%~70%。

我需要加点微生物菌剂，盖好塑料薄膜发酵被，每5天翻堆一次，30天后摊开晒干并碾碎。

在生物箱中填充6~7厘米厚度的生物基质。

将玉米秸秆与牛粪混合后作为白星花金龟幼虫的基质。

我吃！我吃！

好饱啊！

28℃

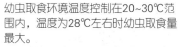

幼虫取食环境温度控制在20~30℃范围内，温度为28℃左右时幼虫取食量最大。

别跑！

化学药剂

救命啊！

热死我了！

60℃以上

在白星花金龟幼虫化蛹前期，用化学药剂或用60℃以上热处理，以杀死幼虫，防止金龟子羽化逃逸。

知识卡片：白星花金龟处理乡村垃圾是利用幼虫的食腐性特点转化处理畜禽粪便、农作物秸秆等有机垃圾，在减轻垃圾对环境造成污染的同时，也避免了成虫在野外粪源中产卵繁育下一代。白星花金龟幼虫以植物秸秆、腐烂落叶、发酵木屑、沼渣、平菇菌糠、猪粪、牛粪等各种农业垃圾为食料来源，其粪砂可作为生物肥料进行还田。

技术 22　如何利用乡村垃圾栽培食用菌？

我们是干燥、无病害、无霉变的农林废弃物。

粉碎

按照菌种养分需求配制栽培基料配方，一般碳氮比为35∶1，装袋、灭菌。

接种前，对接种场所进行严格的消毒。菌袋冷却至常温后，以最快速度完成接种工作，降低出现杂菌污染的概率。

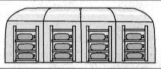

养菌棚温度为24~27℃、湿度为80%~90%。

居然还动刀子！

其间，进行划袋，划袋口子约0.4厘米，为子实体形成创造条件。

定期巡视，清除枯萎死亡、霉变菌袋，并采取相应的措施，确保菌种健康生长。

轻拿轻放，避免培养袋损坏。

消毒之后，重新来过。

采收3次后我就没有能量了！

采取暴晒等措施进行灭菌处理，为下一批菌种的培养提供干净整洁的场地。

知识卡片：农林垃圾基料化栽培食用菌生产技术以农林垃圾作为主料生产食用菌，即利用农林垃圾全部或部分替代现有栽培原料，科学配制成培养食用菌的基料，解决发展食用菌大规模生产主料来源的问题。

技术 23 如何热解处理乡村垃圾？

将废弃生物质原料根据需要进行切碎、脱水烘干等预处理，降低原料水分含量，使其均一化，以满足热解工艺要求。

将经过预处理的原料输入热解炉高温炭化，农林废弃物热解温度范围为300~1 000℃。

热解产物收集：炭化后形成3种形态的产物，生物炭（固体），有机酸、乙酸、焦油、木醋液等（液体）和燃气（气体）。

知识卡片： 生物质热解技术工艺流程有物料的干燥、粉碎、热解，产物炭和灰的分离、生物油的收集等关键步骤。热解方式由于供热方式、产品状态和热解炉结构不同而异。生物质的热解行为与生物质种类、加热速率、压力、时间等密切相关。

技术 24 如何热解气化农林垃圾？

农业垃圾　农林垃圾　林业垃圾

农作物秸秆，蔬菜、花卉、药材和棉花等作物废弃物，作物在加工过程中产生的渣、皮、糠、麸等。

枯枝、砍伐剩余物、林地枯损废弃木、灾害废弃木等。果壳、果核、树皮、木屑、锯末等。

进料粒径：
上吸式固定床 5~100毫米，
下吸式固定床 20~100毫米，
流化床<10毫米。

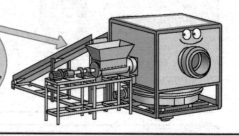

清洁高效　←　燃气净化

气化效率>70%，
燃气含氧量<1%，
焦油含量<10毫克/立方米，
系统生物质能综合利用效率达到72%~74%。

650~1 100℃，在标准条件下，产气量1 000~3 000立方米/小时，燃气热值 >5 000千焦/立方米。

知识卡片：农林垃圾热解气化技术以流化床气化/下吸式固定床气化-低焦油在线监控-多联产气油肥为主要思路，将秸秆转化为高品质燃气。

技术 25　如何热解畜禽粪便？

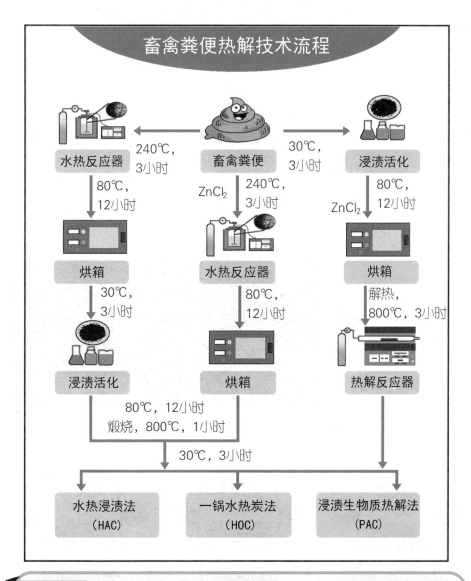

畜禽粪便热解技术流程

水热反应器　240℃，3小时　畜禽粪便　30℃，3小时　浸渍活化

80℃，12小时　ZnCl₂　240℃，3小时　ZnCl₂　80℃，12小时

烘箱　水热反应器　烘箱

30℃，3小时　80℃，12小时　解热，800℃，3小时

浸渍活化　烘箱　热解反应器

80℃，12小时　煅烧，800℃，1小时

30℃，3小时

水热浸渍法（HAC）　一锅水热炭法（HOC）　浸渍生物质热解法（PAC）

知识卡片：热解指物质受热发生分解的反应过程，畜禽粪便较秸秆类物质更容易受热分解。畜禽粪便经热解处理后可获得生物炭、生物油和合成气，从畜禽粪便中回收的磷施入土壤还可以提高土壤有机质、全氮含量和速效养分等。

产品加工篇

　　乡村垃圾经过一定的处理或加工，可使其中所含的有用物质提取出来，加工为可以继续在工业、农业生产过程中发挥作用的产品。这种由乡村垃圾到有用物质的转化称为乡村垃圾的综合利用或称为乡村垃圾的资源化产品加工。乡村垃圾资源化产品的种类很多，归纳起来主要有以下5种：有机无机复混肥、生物有机肥、土壤调理剂、人工基质、人工土壤。

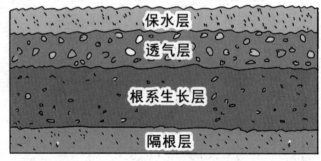

人工土壤

技术1 有机无机复混肥怎么生产？

有机肥是以动植物残体为主要原料，经过高温腐熟杀灭病原菌、虫卵和杂草种子的肥料。无机肥是采用提取、物理或化学工业法抽取的无机盐形式的肥料。

粉碎时我们的粒度应小于1毫米哦！

磷酸铵、氨化过磷酸钙、尿素可用链式粉碎机粉碎，硫酸钾可用高速磨粉机及链式粉碎机粉碎。

根据作物需肥规律与土壤测试结果确定配方，配方应符合国家标准的要求。

我还得再粉碎一遍！

我是物料，必须是小于1毫米的"好身材"才能被用来混合造粒。

每个批次的肥料要经过严格的"体检"，检测合格后才能包装上市。

知识卡片：有机无机复混肥是一种既含有机质又含化肥的复混肥。它是对有机物料通过微生物发酵进行无害化和有效化处理，并添加适量化肥、腐殖酸、氨基酸或有益微生物菌，经过造粒或直接掺混而制得的商品肥料，是有机肥与无机肥的结合体。

技术 2　生物有机肥怎么生产？

有人说我是"废物"，是他们不了解我，我经过发酵后是养分充足的有机肥。

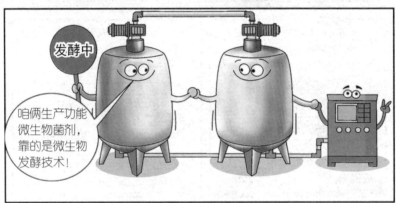

发酵中

咱俩生产功能微生物菌剂，靠的是微生物发酵技术！

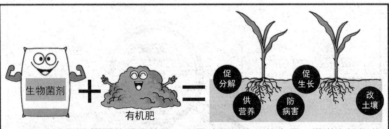

生物菌剂　＋　有机肥　＝　促分解　促生长　供营养　防病害　改土壤

生物菌剂和有机肥的混合使用，利用功能微生物的作用，促进有机物分解转化，提供多种营养和刺激性物质，促进作物生长，防治土壤病害，改良土壤生态。

知识卡片： 生物有机肥是指特定功能微生物与主要以动植物残体（如畜禽粪便、农作物秸秆等）为来源并经无害化处理、腐熟的有机物料复合而成的一类兼具微生物肥料和有机肥料效应的肥料。

技术3 有机源土壤调理剂怎么生产与使用？

有机垃圾根据需要配成一定比例的菌剂、矿化剂、腐殖酸等辅助料。

主料和辅料按照配方比例均匀混拌后，经过一定时间的高温发酵，通过翻堆降至室温。

土壤调理剂制备成粉剂或颗粒成品。

利用沟施或穴施等方式集中施用。

土壤调理剂需与有机肥、配方肥、微生物菌剂等结合施用，但配合施用不等同于混合施用。

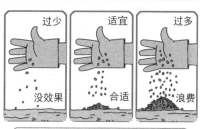

施用时期为作物播种或移栽前，使用时要正确掌握用量。

知识卡片：有机源土壤调理剂是以有机物料为核心，添加抑病、营养调理剂，经加工而成的土壤调理剂，如农用微生物菌剂、有机物料腐熟剂等多种碳肥和菌肥产品。具有改土、增效、活化等作用，既能改良土壤，又能实现有机垃圾的资源化利用。

技术 4 炭基土壤调理制剂怎么生产与使用？

将原材料农作物秸秆或木头、油饼渣、粪便以及蘑菇废料分别进行粉碎筛选。

冷却后的炭基肥颗粒输送至筛分机中进行颗粒筛分，将不均匀颗粒返送至造粒机进行重新造粒；将合格产品输送至料仓进行包装。

知识卡片：炭基土壤调理剂是指基于生物炭和其他土壤调理剂耦合制备的，用于调理土壤及水体以达到污染物或土壤障碍消减的专用调理剂。以农业垃圾制备的炭基土壤调理剂具有良好的结构修复性能和水肥涵养性能。

技术 5　人工基质怎么生产与使用？

辅料占主料的1%～2%，但却是产品的核心关键，加工生产前必须通过育苗/栽培试验进行配方筛选。

别小瞧我！

辅料

配方设计

用于粉碎、筛分、混拌和包装的设备，应以传送带方式进料与混拌，并配有自动灌装机，实现生产全程的连续化。

加工设备

混配要求

主料+辅料

各种材料要混合均匀，尤其是主辅料的均匀；有机物料纤维要保持完整性，纤维破碎度应降到最小水平。

知识卡片：人工基质生产与使用技术是将秸秆、牛羊粪、蚯蚓粪、沼渣、醋渣、炭化稻壳等碳氮比较高的农业有机垃圾，经无害化、基质化处理加工后替代天然泥炭的一类产品。其物理、化学及生物性能稳定，可为植物生长提供稳定、协调的水、气、肥根际环境条件。

技术 6 人工土壤怎么构建？

取材原则：
人工土壤的材料应选择容易得到、运输方便、产量较大且未得到充分利用的有机无机物料。

要想生产优质的人工土壤，就必须要了解原料的成分，钾、钙、氮等元素的缺乏和汞、铅等元素超标均会影响植物的生长发育与人体健康。

检测指标：
分析材料的物理、化学、生物等指标。

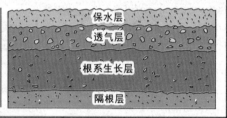

人工土壤构型

保水层
透气层
根系生长层
隔根层

物料处理：
经筛选和处理的物料，需根据目标作物根系生长发育特点进行结构设计。

产品加工：
人工土壤可加入有利于结构稳定和促进作物生长、保水保肥等作用的功能性辅料。

功能性辅料

我来啦！

欢迎！热烈欢迎！

知识卡片：人工土壤是将各类有机、无机固体垃圾，按照优良土壤结构与功能特性，人为改造或构型，达到物理、化学和生物三方面优化协调，用于污染或退化土壤修复、满足植物生长发育、代替或补充自然土壤资源的一类"土壤"。

产品应用篇

有机垃圾可以制成有机肥、畜禽粪肥、生物有机肥、有机无机复混肥和复合微生物肥料等多种产品。具有改善土壤理化性状、熟化土壤、增强土壤保肥供肥能力和缓冲能力的作用，为作物的生长创造良好的土壤条件。

有机垃圾产品在粮食作物和果茶菜园上的施用量、施用时期、施肥方式需进行严格控制，有助于提高有机废弃物资源综合利用率、减少农业污染、提高农产品质量、提升人们生活水平。

技术 1 有机肥怎么在粮食作物上定量化施用？

水田

水田有机肥的
抛撒要在春天
一次性完成。

15 000~22 500
千克/公顷
有机肥

化肥

有机肥

中等肥力
地块，有
机肥可替
代 20%
化肥。

我要努力工作，
把有机肥和秸秆
翻到土壤30厘米
以下。

旱田

旱田有机肥施用量：玉米7.5~22.5吨/公顷，大豆5~15吨/公顷，
小麦3~5吨/公顷。

知识卡片：有机肥是以施入土壤中为作物提供有机态养分为主要特征的
肥料。具有改善土壤理化性状、熟化土壤、增强土壤保肥供肥能力和缓
冲能力的作用，为作物的生长创造良好的土壤条件。

技术 2 畜禽粪肥怎么在粮食作物上施用？

知识卡片：畜禽粪肥是指农户或畜禽养殖场等通过堆腐等方式获得的未经过造粒等工艺的、可以还田的有机物料。通过畜禽粪肥生产和施用，可将畜禽粪便无害化和资源化，为农田地力提升和化肥减施提供技术支撑。适用于绿色粮食作物生产区以及退化土壤改良区。

技术3 生物有机肥怎么在粮食作物上施用？

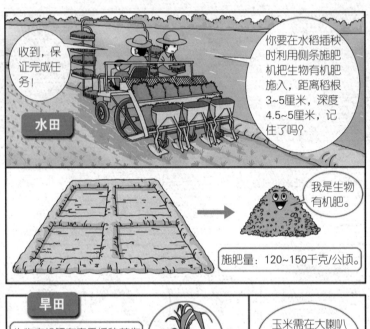

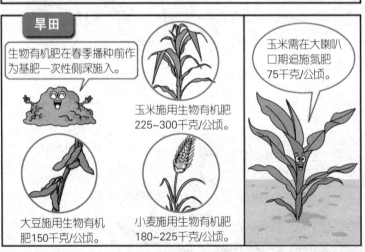

知识卡片：生物有机肥是指特定功能微生物与主要以动植物残体（如畜禽粪便、农作物秸秆等）为来源并经无害化处理、腐熟的有机物料复合而成的一类兼具微生物肥料和有机肥效应的肥料。生物有机肥中有大量的有益微生物，能分解土壤中的有机物，改善土壤微生物群落，提升土壤质量。肥料质量标准应符合 NY 884—2012 的规定。

技术 4 有机无机复混肥怎么在粮食作物上施用？

知识卡片：有机无机复混肥是含有一定量有机肥料的复混肥料，包括有机无机掺混肥料，其质量标准应符合 GB 18877—2020 的规定。

技术 5 复合微生物肥料怎么在粮食作物上施用？

水田

75～150
千克/公顷

我是复合微生物肥料。

春季泡田期间，在稻基肥（化肥）施入的 7 天后施用。水稻秧苗移栽前撒施到田间。

复合微生物肥料的施用量为 75～150 千克/公顷。与常规施用量相比，减少 10%～15% 的肥料施用量。

旱田

复合微生物肥料生产标准应符合 NY/T 798—2015 的规定。

有效活菌数≥0.2亿个/克

杂菌含量≤20.0%

复合微生物肥

水分含量为20%～30%

有效养分≥6.0%

玉米施用复合微生物肥料可作基肥，施入量为 225 千克/公顷；同时化肥用量减少 20%，施入量为尿素 112 千克/公顷，磷酸二铵 100 千克/公顷，氯化钾 70 千克/公顷。大喇叭口期追施尿素 112 千克/公顷。

复合微生物肥

化肥

大豆施用复合微生物肥料可使用含有芽孢杆菌、根瘤菌的复合微生物菌剂进行大豆拌种，药种比为 1∶（60～70），也可在常规施肥的基础上，叶面喷施复合微生物肥。

知识卡片：复合微生物肥料是指特定微生物与营养物质复合而成，能提供、保持或改善植物营养，提高农产品产量或改善农产品品质的活体微生物制品，包括固体肥料、菌剂。使用的微生物应安全、有效。其生产标准应符合 NY 798—2015 的规定。

技术6 有机类肥料产品怎么在果菜茶上施用？

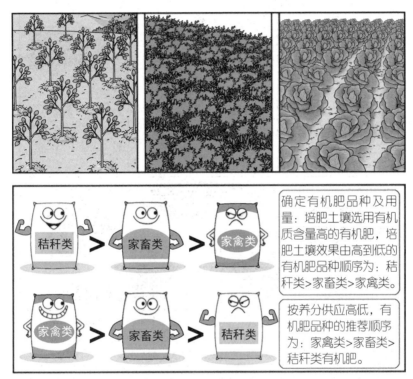

确定有机肥品种及用量：培肥土壤选用有机质含量高的有机肥，培肥土壤效果由高到低的有机肥品种顺序为：秸秆类>家畜类>家禽类。

按养分供应高低，有机肥品种的推荐顺序为：家禽类>家畜类>秸秆类有机肥。

针对低肥力的新建果园、菜田、茶园等土壤，以培肥土壤、优先增加土壤有机质为主，增加土壤养分为辅；针对高肥力的成熟果园、老菜田、茶园等土壤，以养分供应为主，维持土壤有机质含量为辅。

知识卡片：有机肥料在果菜茶上的施用技术选用有机质含量高的有机肥，针对不同肥力等级的果园、菜田、茶园等土壤，采取不同培肥方案；针对不同有机肥品种推荐合理施用量。

技术 7　畜禽粪肥怎么在果菜茶上施用？

北方
品种：

9月中旬至10月中旬
施用，晚熟品种收获
后越早施用越好。

南方早熟、
中熟品种：

早熟品种在采收后施用，
中熟品种在采收前后施用，
不晚于11月下旬。

南方晚
熟品种：

越冬品种在果实转
色期或套袋前后施
用，一般是在9月。

果园施用技术

北方果树一次性基施腐熟羊粪、牛
粪等22.5～30吨/公顷，配施氮磷
钾配方肥600～900千克/公顷。

南方柑橘为主果树基施畜禽粪肥15～30
吨/公顷，30～50吨/公顷产量的果园配
施平衡型配方肥450～525千克/公顷。

环状施肥，适用于北方
果树。

放射状施肥，适用于北
方果树。

株（行）间条沟或穴施
肥，南、北方果树
均适用。

知识卡片：畜禽粪肥在果菜茶上的施用技术是根据果菜茶不同类型作物
的养分需求规律、粪肥类型特点，依据《畜禽粪便还田技术规范》(GB/
T 25246—2010)，选择施用时间、适宜施用量等。其中，果园采用条沟
或穴施等方法，菜园采用撒施等方法，均为一次性施用。

技术 8 生物有机肥怎么在果菜茶上施用？

果园施用技术与本篇技术7相同。

菜田施用技术的施用时间和方法与本篇技术7相同。

施用量：设施种植辣椒、番茄、黄瓜等蔬菜，生物有机肥用量4 500～6 000千克/公顷，同时配施配方肥（18：18：9）400～700千克/公顷。露地种植辣椒、番茄、黄瓜、大白菜、甘蓝等蔬菜，生物有机肥用量3 000～5 000千克/公顷。同时配施（18：18：9）配方肥300～600千克/公顷。

茶园施用技术

这两个时间很重要：一次在4月10日施用，一次在9月底10月初茶树休眠期施用。

施用量：2 000～3 000千克/公顷，4月初施入40%，9月底施入60%。

山地丘陵茶园在坡地、窄幅梯级茶园在上坡或内侧开沟、平地和宽幅梯级茶园在茶行中间，沟深10～20厘米，施后及时覆土。

知识卡片：生物有机肥根据果菜茶的不同类型作物养分需求规律，确定施用时间、适宜用量。果园采用环状、放射状、株（行）间条沟或穴施等方法，菜园采用人工均匀撒施或有机肥撒施机、输送抛撒装置进行一次性施入，茶园施入方法为侧开沟覆土。

技术 9 有机无机复混肥怎么在果菜茶上施用？

果园施用技术

施用时间同本篇技术7。

3年生柑橘底施专用有机无机复混肥7 500千克/公顷，追施柑橘专用有机无机复混肥1 500千克/公顷。

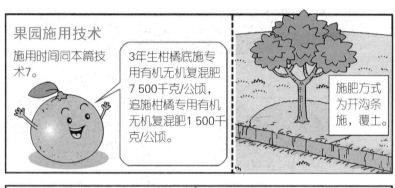

施肥方式为开沟条施，覆土。

菜田施用技术

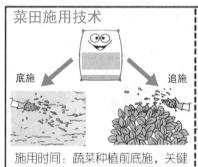

底施　　　　追施

施用时间：蔬菜种植前底施，关键时期追施。施用方法：撒施并翻耕入土。

施用量：大白菜施用有机无机复混肥500千克/公顷。花椰菜、黄瓜、辣椒、小白菜底施25%有机无机复混肥1 500～1 800千克/公顷，其中花椰菜追施500千克/公顷尿素。

茶园施用技术

我来啦！

10月

有机无机复混肥

施用量：底施1 500～2 250千克/公顷有机无机复混肥。

施用方法

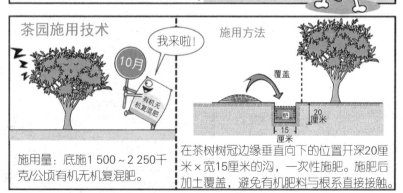

覆盖

肥　20厘米

15厘米

在茶树树冠边缘垂直向下的位置开深20厘米×宽15厘米的沟，一次性施肥。施肥后加土覆盖，避免有机肥料与根系直接接触。

知识卡片：根据不同作物养分需求规律，提出果菜茶有机无机复混肥适宜施用时间、施用量、施用方法。果园开沟条施并覆土，菜园采用撒施并翻耕入土的方法进行底施与追施，茶园开沟基施后加土覆盖。

技术 10 复合微生物肥料怎么在果菜茶上施用？

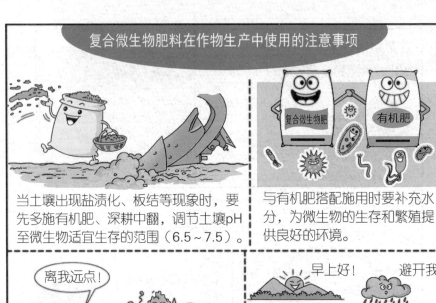

复合微生物肥料在作物生产中使用的注意事项

当土壤出现盐渍化、板结等现象时，要先多施有机肥、深耕中翻，调节土壤pH至微生物适宜生存的范围（6.5~7.5）。

与有机肥搭配施用时要补充水分，为微生物的生存和繁殖提供良好的环境。

避免与农家肥、杀菌剂同时施用。

适宜在清晨、傍晚或无雨阴天施用，并结合盖土措施，避免受阳光直射。

果园施用技术

种植前底施。

种植我们需要1 500~2 000千克/公顷。

施用方法：沿树冠外围挖施肥沟，沟宽40~60厘米，深10~30厘米，与农家肥一起均匀撒播入沟中，及时覆土。

菜田使用技术

我又来施肥了！蔬菜种植前底施，生长期追施。

我要长大个，需要施肥啦！

为了更有营养，我们也需要添加不同的营养肥料。

播种或移栽前条施或穴施，立即覆土。

茶园使用技术

茶树休眠期10月左右施用。施用氮、五氧化二磷、氧化钾总养分含量25.0%的复合微生物肥料1 200～1 500千克/公顷。

一次性开沟底施，覆土。

知识卡片： 复合微生物肥料根据果菜茶的不同作物养分需求规律，明确果菜茶复合微生物肥料适宜施用时间、施用量、施用方法。果园采用沟施覆土方法进行底施，菜田采用条施或穴施方法进行底施和追施，茶园一次性开沟、底施、覆土。

标 准 篇

我国针对多种有机废弃物种类制定了一系列的相关标准，有利于促进有机废弃物的综合利用，也为推进综合利用技术提供了完善的技术指标。

标准 1　有机废弃物的综合利用标准

《农业废弃物综合利用通用要求》
（GB/T 34805—2017）：
农业废弃物指农业生产和加工过程
中废弃的生物质。

农业废弃物包括：

种植业废弃物

养殖业废弃物

林业废弃物

农作物秸秆，蔬菜、花卉、药材和棉花等作物废弃物，作物在加工过程中产生的渣、皮、糠、麸等。

畜禽粪尿及畜禽舍垫料，畜禽、水产养殖过程中的废饲料。

枯枝、砍伐剩余物、林地枯损废弃木、灾害废弃木等，果壳、果核、树皮、木屑、锯末等。

有机废弃物通过综合利用实现肥料化、基质化

肥料化

基质化

秸秆直接还田与堆腐还田　　制作有机类肥料　　腐熟加物料复配或低温炭化

标准 2 有机废弃物的肥料化标准

《蔬菜废弃物高温堆肥无害化处理技术规程》（NY/T 3441—2019）：采用一次性高温堆肥工艺两段发酵过程，对蔬菜废弃物进行无害化处理，完成高温灭活有害病原菌和杂草种子与完全腐熟2个工艺阶段。

原料粉碎 ➡ 微生物菌剂 ➡ 含水量50%~65% ➡ 翻堆 ➡ 碳氮比（20~30）：1 ➡ 发酵周期为10~15天

《绿化植物废弃物处置和应用技术规程》（GB/T 31755—2015）：绿化植物废弃物是指绿化植物生长过程中自然更新产生的枯枝落叶废弃物或绿化养护过程中产生的乔灌木修剪物、草坪修剪物。

粉碎 ➡ 混料 ➡ 槽式堆 ➡ 翻堆 ➡ 微生物菌 ➡ 淋水

《有机肥料》（NY 525—2021）：商品有机肥料是以畜禽粪便、秸秆等有机废弃物为原料，经发酵腐熟后制成。

种植业废弃物　　养殖业废弃物　　加工业废弃物　　天然原料

《畜禽粪便堆肥技术规范》（NY/T 3442—2019）、《畜禽粪便还田技术规范》（GB/T 25246—2010）对畜禽粪便堆肥技术和操作过程进行了详细说明。

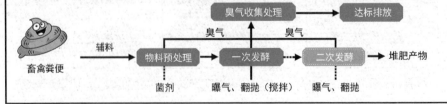

标准 3 有机物料的高值化产品技术标准

《食用菌菌渣发酵技术规程》（NY/T 3291—2018）：适用于非粪草生食用菌菌渣的发酵处理。

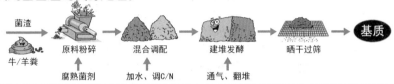

《畜禽粪便食用菌基质化利用技术规范》（NY/T 3828—2020）：适用于以畜禽粪便为重要原料生产食用菌基质。

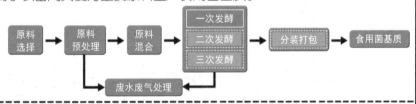

《绿化用有机基质》（GB/T 33891—2017）：适用于以农林、厨余、食品和药品加工等有机废弃物为主要原料，可添加少量畜禽粪便等辅料，经堆置发酵等无害化处理后，粉碎、混配形成的绿化用有机基质。

《生物炭基肥料》（NY/T 3041—2016）：生物炭基肥料指以生物炭为基质，添加氮、磷、钾等养分中的一种或几种，采用化学方法和(或)物理方法混合制成的肥料。

《土壤调理剂通用要求》（NY/T 3034—2016）：土壤调理剂的应用主要为土壤障碍消减、土壤结构改良。

标准 4　生物类肥料生产标准

复合微生物肥料

《复合微生物肥料》（NY/T 798—2015）：复合微生物肥料是指特定微生物与营养物质复合而成，能提供、保持或改善植物营养，提高农产品产量或改善农产品品质的活体微生物制品。

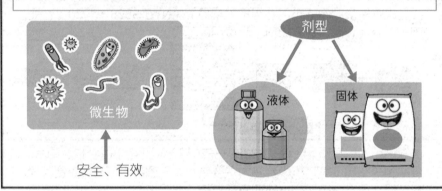

微生物

安全、有效

剂型

液体　　固体

生物有机肥

《生物有机肥》（NY 884—2012）：生物有机肥是指特定功能微生物与主要以动植物残体(如畜禽粪便、农作物秸秆等)为来源并经生产技术规范、腐熟的有机物料复合而成的一类兼具微生物肥料和有机肥效应的肥料。

粉剂产品　　　　颗粒产品

松散、无恶臭味　　　　大小均匀、无腐败味